A Cafecito Story

El Cuento del Cafecito

A Cafecito Story

El Cuento del Cafecito

JULIA ALVAREZ

Translated by / Traducción de
DAISY COCCO DE FILIPPIS

Afterword by / Epilogo de
BILL EICHNER

Woodcuts by / Grabados de
BELKIS RAMÍREZ

CHELSEA GREEN PUBLISHING
White River Junction, Vermont

Designed by Ann Aspell.

First paperback edition, May 2002.

Library of Congress Cataloging-in-Publication Data

Alvarez, Julia.
   [Cafecito story. Spanish & English]
   A cafecito story = El cuento del cafecito / Julia Alvarez; traducción de Daisy Cocco de
Filippis ; afterword by Bill Eichner ; woodcuts by Belkis Ramírez.- 1st pbk. ed.
        p.   cm.
   ISBN 1-931498-06-7 (alk. paper)
   1. Americans—Dominican Republic—Fiction. 2. Agriculture, Cooperative—Fiction.
3. Dominican Republic—Fiction. 4. Organic farming—Fiction. 5. Coffee growers—
Fiction. I. Title: Cuento del cafecito. II. Cocco-DeFilippis, Daisy, 1949- III. Ramírez,
Belkis. IV. Title.

PS3551.L845 C318 2002
813'.54—dc21   2002023740

Chelsea Green Publishing
85 North Main Street, Suite 120
White River Junction, VT
(802) 295-6300
www.chelseagreen.com

John Gilbert Eichner
1919–2001

Ruth Marie Eichner
1918–2001

*who taught us to love the land
deeper our love
now that you are a part of it*

*quienes nos enseñaron a amar la tierra
nuestro amor es más profundo
ahora que ustedes son parte de ella*

A

JOE grew up on a farm in Nebraska dreaming of following in his father's footsteps and becoming a farmer. It was a hard life with sweet moments, many of the sweetest in the company of birds.

Early spring, Joe would plant corn, trying to keep his rows as straight as his father's. White gulls swirled around his tractor, occasionally swooping down to pick grubs from the tilled soil. Sea gulls, everyone called them.

Every time they did so, they distracted the young Joe. His dad used to say that he could read the heartbeat of his son's attention from the zigzags in his row. But Joe couldn't stop wondering where those gulls had come from. Nebraska is a long ways from the sea.

Joe creció en una finca en Nebraska soñando que algún día sería agricultor, como su padre. Era una vida dura, pero con momentos dulces, los más dulces en compañía de las aves.

En los primeros días de la primavera Joe sembraba maíz, tratando de mantener las hileras derechitas, derechitas como las de su padre. Las gaviotas blancas hacían remolinos alrededor del tractor, y de vez en cuando bajaban en picada para coger los gusanos de la tierra cultivada. Todos las llamaban gaviotas marinas.

El joven Joe se distraía cada vez que las gaviotas revoloteaban a su alrededor. Su papá acostumbraba decir que enlos zigzags de las hileras él podía leer los latidos de la atención de su hijo. Pero Joe no podía dejar de preguntarse de dónde habían venido las gaviotas. Nebraska está muy lejos del mar.

With the heat of summer came the long, back-breaking days of haying. Joe would stack the ninety-pound bales in the loft of the barn. The only company in that hot spot under the roof were barn swallows and sparrows sailing through the door to their nests and pigeons sitting on the rafters cooing to each other while they watched him sweat.

But the small farms started to go under. By the time Joe was a young man, his dad had to sell off most of his land to pay the bills. Farming became a business run by people in offices who had never put their hands in the soil. Joe decided this was not for him.

Con el calor del verano llegaban los largos días de la agotadora recolección del heno. Joe apilaba los fardos atados de noventa libras en el henal del granero. La única compañía bajo el techo de ese lugar caluroso eran las golondrinas y los gorriones que travesaban por las puertas hacia sus nidos y las palomas sentadas en los maderos, arrullándose mientras lo miraban sudar.

Pero un día las pequeñas fincas comenzaron a fracasar. Joe era un joven cuando su papá tuvo que vender casi toda su tierra para pagar las deudas. La agricultura se convirtió en un negocio administrado por oficinistas que nunca habían puesto la mano en la tierra. Joe decidió que ésa no era la vida para él.

El consejero de la escuela le sugirió que se dedicara a la enseñanza. A fin de cuentas, a Joe le encantaba leer y hablar de lo leído.

Así fue como Joe se encontró en un salón de clases. Después de todo, poner libros en las manos de sus estudiantes no era tan diferente a sembrar semillas en el campo. Aún así, había un vacío en su vida.

Temprano en las mañanas, en el apartamento que había alquilado, se sentaba en el escritorio a leer mientras sorbía una taza de café fuerte. A veces, la mirada se le iba a los campos que habían sido de su padre, y que juntos habían cultivado. Ahora, las proyecciones computerizadas determinaban el tamaño de la cosecha antes de que las semillas tocaran la tierra. Las hileras eran todas uniformes. Las gaviotas se habían ido.

Pasaron los años. Más allá de la ventana de Joe los campos se convirtieron en parques de estacionamiento, urbanizaciones y pequeños complejos comerciales con cadenas de almacenes grandes. El café que bebía era más selecto, de granos de todas partes del mundo. Los alquileres más caros. La soledad más profunda.

Joe se casó con una muchacha de la ciudad y se mudó a Omaha. Pero el matrimonio no se dio. Por años Joe se quedó solo. Seguía fielmente su rutina, pero estaba a la deriva, un poco perdido. Hasta que al fin, una Navidad, decidió emprender el camino, y unas vacaciones podrían ayudarlo a cambiar la rutina de sus días.

The school counselor suggested teaching instead. After all, Joe loved to read and talk about what he had read.

So, Joe ended up in the classroom. Putting books in his students' hands was not all that different from sowing seeds in a field. Still, something seemed to be missing from his life.

Early mornings, in his rented apartment, he would sit at his desk, reading a book, sipping a strong cup of coffee. Sometimes, he'd look out over the fields that his father had once owned and farmed. Computerized projections now determined the size of the harvest before the seeds were in the ground. The rows were all uniform. The gulls, gone.

Years went by. The fields outside Joe's windows became parking lots and housing developments, small malls with big chain stores. The coffee he drank got fancier. Beans from all over the world. The rents higher. The loneliness deeper.

Joe married a city girl and moved to Omaha. But the marriage didn't take. For years, Joe kept to himself, following his routines, but still feeling adrift, a little lost. Finally, one Christmas, he decided to take off. A vacation might help him get out of the rut he was in.

It being winter, it being Nebraska, he thought of the tropics. Searching the Web, he discovered all kinds of resort packages, photos showing barely clad beauties tossing beach balls with waves sounding in the background.

That's just what he needed. Some time to figure out where he was going, maybe mend a broken heart with a new romance—and get a suntan in the bargain.

Joe browsed for hours, sipping his cup of coffee.

He found a great deal: *Dominican Republic: the land Columbus loved the best* . . . Joe clicked and typed and pressed, and in a few minutes, he was confirmed on a package vacation to the lap of happiness.

Como era invierno y como estaba en Nebraska, pensó en el trópico. Navegó por la Internet y encontró una gran cantidad de ofertas vacacionales a resorts, fotografías de bellezas en bikinis que jugaban con pelotas de playa y el sonido de las olas de trasfondo.

Era precisamente lo que necesitaba. Tiempo para encontrarse consigo mismo y su futuro, y quizás también para curar su corazón roto con un nuevo romance al mismo tiempo que tomaba el sol.

Joe navegó por horas, tomando pequeños sorbos de su taza de café.

Encontró una ganga: *La República Dominicana: la tierra que más amó Colón* . . . Joe apretó el botoncito, tecleó, marcó, y en pocos minutos ya le habían confirmado una excursión a los brazos de la felicidad.

B

JOE packs a suitcase full of more books than he can possibly read in two weeks, including his old Spanish textbook and dictionary. He means to brush up on his highschool Spanish.

Me llamo Joe. Soy maestro. Mi papá era agricultor.

Pretty good, he thinks, for a gringo going on forty.

On the plane, Joe pictures himself wandering down a sandy beach, a book in hand. Just ahead, a barely clad beauty tosses a beach ball in the air. . . .

He has been spending too much time in cyberspace.

Joe turns on his reading light and opens his Spanish book to the chapter on irregular verbs. *Saber, soñar, surgir.* To know, to dream, to rise.

Joe hace una maleta con más libros de los que podría leer en dos semanas, incluyendo su viejo texto de español y un diccionario. Piensa desempolvar su español de escuela secundaria.

Me llamo Joe. Soy maestro. Mi papá era agricultor.

Bastante bien, se felicita a sí mismo, para un gringo que está por cumplir los cuarenta.

En el avión, Joe se imagina a sí mismo vagando por las playas de arenas suaves, libro en mano. Un poco más adelante, una belleza en bikini tira al aire una pelota de playa...

Ha pasado demasiado tiempo en el espacio cibernético.

Joe enciende la lucesita para leer y abre su libro de español en el capítulo de los verbos irregulares. Saber, soñar, surgir. *To know, to dream, to rise.*

Al cerrar los ojos, Joe oye el zumbido de las máquinas y un débil silbido y siente la impresión de que están transmitiendo el canto de las aves por las ventanillas del aire.

El resort en la playa tiene una cerca alta y guardias a la entrada que exigen las cédulas de identidad. A los nativos no les permiten entrar a los jardines con excepción de los empleados, uniformados con pañuelos en la cabeza, trajes que imitan un incierto estilo caribeño, y sonrisas desesperadas de bienvenida.

Las bellezas en bikinis llegan enganchadas de los brazos de otros hombres.

Joe se lee dos novelas en dos días.

A la tercera mañana Joe está harto. Sale del complejo hotelero y se acerca a una barra en la carretera, en la que se detienen los vecinos a tomar café camino al trabajo. No hay menús largos con opciones para escoger. El café viene en una sola denominación: una tacita de muñecas llena de una poción hervida oscura y deliciosa que deja manchas en la taza. Joe cierra los ojos para concentrarse en el nico sabor del café. Escucha, cada vez más cercano, el mismo silbido débil que había oído en el avión.

Cuando ha terminado, la mujer del dueño de la barra le pregunta si quiere que le lea el futuro. Joe asiente y extiende la mano.

No, le explica la mujer. Voltee su taza, y deje que se escurra.

Closing his eyes, Joe hears the drone of the engines and a faint whistling as if birdsong were being piped through the air vents.

The beach resort is surrounded by a high wall, guards at the entrances, checking ID cards. No natives are allowed on the grounds except the service people who wear Aunt Jemima kerchiefs and faux-Caribbean costumes and perpetual, desperate smiles of welcome.

The barely clad beauties come with men already attached to their arms.

Joe gets through two novels in as many days.

By the third morning, Joe has had enough. He wanders out of the compound to a roadside barra where the locals stop for coffee on their way to work. No long menu of options to choose from. Coffee comes in one denomination: a dollhouse-sized cup filled with a delicious, dark brew that leaves stains on the cup. Joe closes his eyes and concentrates on the rich taste of the beans. He hears the same faint whistle he heard on the plane, getting closer.

When he is done, the barra owner's wife asks him if he wants his future told. Joe nods and holds out his hand.

No, the woman explains. Turn your cup over, and let it drain.

Joe does so, and the woman studies the stains, her eyes narrowed.

I see mountains, she says, pointing. I see a new life. I see many, many birds.

Do you see another cup of coffee? Joe asks, smiling. Fill her up.

From the owner of the barra, Joe finds out that there are coffee farms in the mountains of the interior. In fact, the barra owner has a cousin, Miguel, who grows coffee in his small parcela up near Manabao close to Pico Duarte. Joe has read about Pico Duarte: *The tallest peak east of the Mississippi on the northern half of the hemisphere.*

Why not go there for the weekend?

Joe lo hace, y la mujer estudia las manchas, con los ojos entrecerrados.

Veo montañas, dice, señalando. Veo una nueva vida. Veo muchas, muchas aves.

¿Ve otra tacita de café?, pregunta Joe, sonriendo. Llénemela.

Por el dueño de la barra, Joe se entera de que hay cafetales en las montañas del interior. De hecho, el dueño de la barra tiene un primo, Miguel, que cultiva café en una pequeña parcela cerca de Manabao, en las cercanías del Pico Duarte. Joe ha leído acerca del Pico Duarte: *El pico más alto al este del Misisipí, en la mitad norte del hemisferio.*

¿Por qué no ir a pasar allí el fin de semana?

Le dije que había visto montañas, le recuerda la mujer del dueño de la barra.

El resort ofrece un paquete vacacional al interior del país—un vuelo en helicóptero, una vuelta alrededor del pico, un picnic con champaña en la base del campamento, y el regreso al resort justo a tiempo para el *happy hour*. ¿Le gustaría reservar un puesto?

No gracias. En cambio, Joe toma una guagua pública, una camioneta llena de campesinos con pollos y cerdos y chivos. El pasaje a las montañas le cuesta 10 pesos, alrededor de 50 centavos americanos. En un comedor en el camino almuerza la llamada "bandera dominicana": arroz con habichuelas con un pedacito de carne, todo por 35 pesos.

Además, puede practicar gratis su español de escuela secundaria.

Mientras la camioneta sube la carretera estrecha y encorvada, Joe nota las lomas marrones, devastadas y deforestadas, flageladas por barrancos. La carretera se estrecha aún más con las piedras derricadas. Probablemente han caído durante los temporales de lluvia. No hay árboles para aguantar el suelo desgastado.

De repente, las lomas cambian a un verde agudo, metálico. Una nueva variedad de café crece bajo los rayos del sol, le explica el viejo a su lado. Un joven con un pañuelo que le cubre la boca fumiga las hojas.

I told you I saw mountains, the barra owner's wife reminds him.

The resort offers an inland package—a flight by helicopter, a circling of the peak, a champagne picnic at the base camp, then back in time for the evening happy hour. Would he like to sign up?

No gracias. Instead, Joe takes a public guagua, a pickup truck filled with campesinos and their chickens and hogs and goats. He pays 10 pesos, about 50 cents, for the ride to the mountains. At a roadside comedor, he eats a lunch called the Dominican flag: rice and beans and a little piece of beef on the side, for 35 pesos.

He gets to practice his high-school Spanish for free.

As the truck heads up the narrow, curving road, Joe notices the brown mountainsides, ravaged and deforested, riddled with gullies. The road is made even more narrow by huge boulders. They must roll down during rainstorms. No trees to hold back the eroding soil.

Suddenly, the hillsides turn a crisp, metallic green. A new variety of coffee grown under full sun, the old man beside him explains. A young man with a kerchief over his mouth is spraying the leaves.

¿Qué es? Joe asks the old man.

Veneno, he answers, clutching his throat. A word Joe doesn't have to look up in his dictionary. Poison.

Joe finds Miguel's farm. You can't miss it. In the midst of the green desert, Miguel's land is filled with trees. Tall ones tower over a spreading canopy of smaller ones. Everywhere there are bromeliads and birdsong. A soft light falls on the thriving coffee plants.

Perched on a branch, a small thrush says its name over and over again, chinchilín-chinchilín. A flock of wild parrots wheel in the sky as if they are flying in formation, greeting him.

¿Qué es? Joe le pregunta al viejo.

Veneno, le contesta, agarrándose la garganta. Esa es una palabra que Joe no necesita buscar en el diccionario: *Poison*.

Joe encuentra la finca de Miguel. No podría perderse. En medio del desierto verde, la tierra de Miguel está llena de árboles. Los altos descollan sobre los más pequeños, desplegados en pabellón. Hay bromelias y canto de aves. Una luz suave cae sobre las matas florecientes.

Posado en una rama, una pequeña cigüita dice, repite y vuelve a repetir su nombre, chinchilín-chinchilín. Una bandada de cotorras salvajes gira en el cielo como si estuvieran volando en formación, para saludarlo.

La casa de Miguel es de pino, el techo es de zinc, la puerta está abierta. No hay alambres eléctricos ni poste telefónico. Miguel le ofrece una ancha sonrisa de bienvenida, con media docena de niños a su alrededor. Carmen, su mujer, está atrás, hirviendo los rábanos para la cena.

A buen tiempo, dice Miguel. Ha llegado en el mejor momento.

La cena es una fuente de víveres, las raíces hervidas que la familia acostumbra a comer por la noche. Después, Joe se entera de la finca de Miguel, sembrada de café a la manera antigua, bajo la sombra de los árboles que ofrecen protección natural a las plantas, filtrando el sol y la lluvia, alimentando el suelo y previniendo la erosión. Sin mencionar las aves que vienen a trinar sobre los granos de café maduro.

Eso hace un café mejor, explica Miguel. Cuando un pajarito le canta a los granos mientras se maduran, es como una madre que le canta a su hijo en las entrañas. El bebé nace con el alma feliz.

El café cultivado bajo sombra canta en sus adentros, continúa Miguel. El café fumigado parece bueno si se prueba solamente con la boca. Aún así nos llena del veneno que nada dentro de esa taza oscura de tristeza.

¿Y por qué todo el mundo no cosecha café a la antigua? pregunta Joe.

Con el método moderno usted puede sembrar más café; usted no tiene que esperar a que crezcan los árboles y puede tener resultados más rápidos; más dinero en el bolsillo.

Miguel señala a Joe cada vez que dice "usted".

❀

Miguel's house is made of pinewood, the roof is zinc, the door is opened. There are no electric wires, no telephone poles. Miguel smiles in welcome, half a dozen kids around him. Carmen, his wife, is out back, boiling rábanos for their supper.

A buen tiempo, Miguel says. You have come at a good time.

Supper is a bowl of víveres, the boiled roots that the family is accustomed to eating in the evenings. Afterwards, Joe learns about Miguel's farm, planted with coffee the old way, under shade trees that offer natural protection to the plants, filtering the sun and the rain, feeding the soil and preventing erosion. Not to mention attracting birds that come to sing over the cherries.

That makes for a better coffee, Miguel explains. When a bird sings to the cherries as they are ripening, it is like a mother singing to her child in the womb. The baby is born with a happy soul.

The shaded coffee will put that song inside you, Miguel continues. The sprayed coffee tastes just as good if you are tasting only with your mouth. But it fills you with the poison swimming around in that dark cup of disappointment.

So why doesn't everyone farm coffee in the old way? Joe asks.

The new way you can plant more coffee, you don't have to wait for trees, you can have quicker results, you can have more money in your pocket.

Miguel keeps pointing at Joe when he says "you."

A la mañana siguiente, Miguel le muestra a Joe la línea en la montaña donde termina el cafetal a la sombra y comienza el desierto verde. El y sus vecinos agricultores están a punto de ceder y alquilar sus terrenos y cultivar café para la compañía, usando las técnicas nuevas.

La compañía controla el mercado, explica Miguel. Si trabajamos para ellos vamos a ganar 80 pesos al día, 150 si estamos dispuestos a rociar el veneno. Cuanda ya cultivo el mío bajo sombra, lo que me pagan es 35 pesos por una caja de granos de café y Carmen solo recoge dos cajas al día. Cosechar mi café me toma tres años. En cambio en la plantacíon, con sus fumigaciones, tienen café en un año.

Sorbiendo el café Joe se da cuenta de lo mucho que ha costado producir esa fiesta de sabores, y de lo poco que destila para sí un pequeño agricultor. Pero una idea se cuela en su mente. Lo que Miguel necesita es contar su historia, correr la voz, para que los amantes del café en todo el mundo se enteren de su difícil situación.

No puedo hacer eso, dice calladamente Miguel. Yo no sé de letras.

Esa misma mañana Joe examina a los niños de Miguel. Parado en el vivero donde crecen las nuevas plantas, les pide que escriban con una estaca su nombre en la tierra. Mueven la cabeza con timidez. Miguelina, la pequeña, toma la estaca y dibuja un círculo en el suelo; entonces levanta la cara sonreída, como si su nombre fuera cero.

Al atardecer, Joe ha decidido pasar todas sus vacaciones en las montañas.

The next morning, Miguel shows Joe the line on the mountain where the shaded coffee ends and the green desert begins. He and his small farmer neighbors are about to cave in and rent their plots and grow coffee for the company using the new techniques.

La compañía has the mercado, Miguel explains. If we work for them we will get 80 pesos a day, 150 if we are willing to spray the poison. I get 35 pesos for a caja of beans, Carmen can pick two cajas a day. It takes three years for me to get a coffee harvest. On the plantation, with their sprays, they have coffee in a year.

Sipping his coffee, Joe becomes aware of how much labor has gone into this feast of flavors, how little trickles down to the small farmer. But an idea is percolating in his head. What Miguel needs to do is write his story down, spread the word, so coffee drinkers everywhere will learn of his plight.

I cannot do that, Miguel says quietly. I do not know my letters.

Later that morning, Joe tests Miguel's kids. Standing in the vivero where the new plants are growing, he asks them to scratch their names in the soil with a stick. They shake their heads shyly. The little one, Miguelina, takes the stick and draws a circle on the ground, then looks up smiling, as if her name is zero.

By evening, Joe has decided to spend his whole vacation up in the mountains.

All day, he works alongside Miguel and his children. At night, as he reads, he looks up and sees the family watching him.

What is it the paper says? Miguel wants to know.

Stories, Joe explains. Stories that help me understand what it is to be alive on this earth.

Miguel looks down at the book in Joe's hands with new respect and affection. Joe has noticed this same look on Miguel's face as he inspects the little coffee plants in his vivero.

Every day as they work together, Miguel tells Joe the story of coffee.

Trabaja todo el día al lado de Miguel y sus hijos. Por la noche, mientras lee, levanta la cabeza y ve que la familia lo está mirando.

¿Qué dice el papel? Miguel quiere saber.

Son cuentos, explica Joe. Cuentos que me ayudan a comprender lo que significa vivir en esta tierra.

Miguel mira el libro en las manos de Joe con un respeto nuevo. Joe ha notado el mismo afecto en la cara de Miguel mientras inspecciona las pequeñas plantas en su vivero.

Todos los días mientras trabajan juntos, Miguel le cuenta a Joe la historia del café.

Antes de sembrar café se debe preparar la tierra en terrazas con árboles de distintos tamaños para crear distintos niveles de sombras: primero, los cedros; luego, las guamas y los guineos.

Mientras tanto, Miguel comienza a germinar las semillas de café. Los retoños se toman alrededor de cincuenta días.

Del germinador, los pequeños transplantes pasan al vivero por ocho meses. Finalmente, cuando están fuertes y vigorosos, Miguel los siembra en las terrazas.

Entonces hay que quitar la yerba y alimentar las plantas con abonos hechos de lo que se encuentre alrededor. Nosotros lo llamamos orgánico, explica Miguel, porque usamos sólo lo que la naturaleza nos brinda gratis.

Después de tres años, si Dios quiere, tenemos nuestra primera cosecha. La recogemos cuatro veces entre diciembre y marzo. Claro, sólo los granos rojos.

How before the coffee can be planted, the land must be prepared in terraces with trees of differing heights to create layers of shade: first, cedros; then, guamas and banana trees.

Meanwhile, Miguel starts the coffee seeds in a germination bed. It takes about fifty days for the shoots to come up.

From the germination bed, the little transplants go into a vivero for eight months. Finally, when they are bold and strong, Miguel plants them on the terraces.

Then comes the weeding and the feeding of the plants with abonos made from whatever there is around. We say orgánico, Miguel explains, because we use only what nature provides for free.

After three years, si Dios quiere, we have a first harvest. We pick four times during the season which goes from December to March. Only the red cherries, of course.

Entonces comienza nuestra prisa: tenemos que quitarle la pulpa a cada cereza esa misma noche o bien temprano la mañana siguiente. La pulpa va a nuestra lombriguera donde producimos fertilizantes naturales.

Entonces cargamos los granos mojados al río. Deben lavarse con agua corriente por cerca de ocho horas—un proceso que requiere atención, porque debemos llevar las semillas al punto en que los granos están lavados pero no se fermentan. No es muy distinto al momento en que una mujer se enamora—dice Miguel, sonriendo y mirando en la dirección de las montañas.

Y entonces comienza el largo proceso de secar al sol. Algunos de nosotros, que no tenemos un patio de concreto, usamos la carretera. Hay que voltear los granos cada cuatro horas. Por la noche, los apilamos y depositamos bajo cubierta. ¡Pobre de nosotros si llueve y no logramos cubrir los granos a tiempo! El café mojado se enmohece y termina en la pila del abono.

Después, cerca de dos semanas si el tiempo es bueno, ensacamos el café—

Joe respira con alivio. ¡No sabía que una taza costaba tanto trabajo! confiesa.

No he terminado, continúa Miguel, levantando la mano. Después de ensacar el café, lo dejamos descansar. Unos cuantos días, unas cuantas semanas. Solamente le hemos quitado la pulpa pero el grano todavía está dentro del pergamino. Así es que, después del descanso, halamos los sacos hasta el beneficio para que les quiten el pergamino. Más tarde, cuidadosamente, separamos los granos uno a uno, a mano, ya que un grano fermentado puede dañar el sabor del grano para el comprador. La trilla o los de segunda categoría los dejamos para nosotros.

¿Me quieres decir que este fantástico café que he estado bebiendo es de segunda? pregunta Joe, meneando la cabeza.

Then the rush is on: we must depulp the cherry that same night or early the next morning. The pulp goes to our worm bed where we are producing our natural fertilizers.

The wet granos, we take to the river for washing. They must be bathed with running water for eight or so hours—a watchful process, as we have to get the bean to just that moment when the grains are washed but no fermentation has begun. It is not unlike that moment with a woman—Miguel smiles, looking off toward the mountains—when love sets in.

And then, the long drying process in the sun. Some of us, who cannot afford a concrete patio, use the paved road. The grains have to be turned every four hours. At night, we pile them up and bring them under cover. Woe to us if there is rain and we do not get our granos covered quickly enough! Wet coffee molds and ends up in the abono pile.

After about two weeks, if the weather is good, we bag the coffee—

Joe sighs with relief. I didn't realize so much work went into one cup! he confesses.

I am not finished, Miguel continues, holding up a hand. Once the coffee is bagged, we let it rest. A few days, a few weeks. We have only taken off the pulp but the bean is still inside the pergamino. So, after the rest, we haul the bags down to the beneficio to have this pergamino removed. Then we sort the beans very carefully by hand, since one sour bean in a bag can spoil the taste for the buyer. The seconds we keep for ourselves.

You mean to tell me that great coffee I've been drinking is seconds? Joe asks, shaking his head.

Miguel asiente. El grado de exportación es, naturalmente, para exportar.

Pero tu café es mucho mejor que cualquiera de los que he probado en cafeterías de lujo en Omaha, explica Joe.

Eso es porque—como usted mismo me ha dicho—es un hijo de agricultores, explica Miguel. Saborea con todo el cuerpo y el alma.

Hasta ese momento, cuando lo dijo Miguel, Joe no se había dado cuenta de que eso era verdad. Él recuerda a su padre sembrando maíz en hileras tan derechas como si el mismo Papá Dios las hubiera trazado con una regla. Mientras trabajaba, el padre de Joe silbaba una pequeña melodía como si conversara con una manada invisible de aves.

A veces, mientras Joe trabaja al lado de Miguel, se encuentra a sí mismo silbando esa misma melodía.

¡No puedes vender tu terreno! le dice Joe a Miguel una noche. Debes seguir sembrando café a la antigua. Debes salvar este trocito del planeta para tus hijos y para todos ustedes. Tienes que convencer a tus vecinos antes de que sea muy tarde.

Anjá, eso es fácil para usted, dice Miguel, que no tiene que vivir esta lucha.

Esa noche Joe se decide.

A la mañana siguiente, baja en la camioneta con campesinos y pollos y chivos y cerdos. En el pueblo, entra en la estación de Codetel y marca el número del lugar que antes llamaba su hogar.

Miguel nods. The export grade is, of course, for export.

But your coffee is so much better than anything I've tasted in fancy coffee shops in Omaha, Joe notes.

That is because—as you told me yourself—you are a farmer's son, Miguel explains. You taste with your whole body and soul.

Until this moment of Miguel saying so, Joe did not know this was true. He remembers his father planting corn in rows so straight, God Himself might have drawn the lines with a ruler. While he worked, Joe's father would whistle a little tune as if he were in conversation with a flock of invisible birds.

Sometimes, as Joe works alongside Miguel, he finds himself whistling that same tune.

You can't sell your land! Joe tells Miguel that evening. You need to keep planting coffee your old way. You need to save this bit of the earth for your children and for all of us. You've got to convince your neighbors before it is too late.

Easy enough for you to say, Miguel says. You don't have to live this struggle.

That night, Joe decides.

The next morning, he rides the truck down with farmers and chickens and goats and hogs. In town, he enters the Co-detel trailer and dials the place he used to call home.

Joe buys a parcela next to Miguel's. They make a pact. They will not rent their plots to the compañía and cut down their trees. They will keep to the old ways. They will provide a better coffee.

And, Joe adds, you will learn your letters. I myself will teach you.

Every day, under Miguel's gentle direction, Joe learns how to grow coffee. They make terraces and plant trees.

Every night, under the light of an oil lamp, Miguel and his family learn their ABCs. They write letters and read words.

Joe compra una parcela al lado de Miguel. Hacen un pacto. No van a alquilar sus parcelas a la compañía ni cortarán sus árboles. Van a cultivar a la antigua. Van a producir un café mejor.

Y ustedes van a aprender el alfabeto, añade Joe. Yo mismo les enseñaré.

Todos los días, bajo el tutelaje suave de Miguel, Joe aprende a cultivar el café. Ellos hacen terrazas y siembran árboles.

Todas las noches, bajo la luz de una lámpara de aceite, Miguel y su familia aprenden el abecedario. Escriben letras y leen palabras.

By the time Miguel and Carmen and their children have learned to write their names, the little seeds have sprouted. When the trees are a foot high, the family has struggled through a sentence. All of them can read a page by the time the trees reach up to Miguel's knees. When the coffee is as tall as little Miguelina, they have progressed to chapters. In three years, by the time of the first coffee harvest from trees Joe has planted, Miguel and Carmen and their children can read a whole book.

It is amazing how much better coffee grows when sung to by birds or when through an opened window comes the sound of a human voice reading words on paper that still holds the memory of the tree it used to be.

Ya cuando Miguel y Carmen y sus hijos han aprendido a escribir su nombre, las semillitas han retoñado. Cuando los árboles han crecido un pie, la familia ha logrado escribir una oración. Todos pueden leer una página cuando los árboles le llegan a la rodilla a Miguel. Y cuando el café es tan alto como la pequeña Miguelina, han progresado hasta los capítulos. En tres años, para la primera cosecha del café sembrado por Joe, Miguel y Carmen y sus hijos pueden leer libritos enteros.

Es sorprendente lo bien que crece el café cuando le cantan las aves o cuando a través de una ventana abierta le llega una voz humana que lee las palabras en el papel que todavía guarda el recuerdo de haber sido árbol.

La idea de Joe y de Miguel corre en el paraje. Muchos de los pequeños agricultores se unen a ellos, reuniéndose en una cooperativa y en la construcción de su propio beneficio para procesar los granos en vez de pagar tanto para usar las facilidades de la compañía. Ahora pueden leer los contratos que les presentan los compradores y negociar mejores términos. Joe compra libros en la ciudad, donde va regularmente para enviar el café cooperativo a los Estados Unidos. Carmen cocina para los trabajadores y añade huevos de sus gallinas o queso de sus cabras en la fuente de víveres que le sirve a su familia por la noche. Más gallinas y más chivos representan más abono para las matas de café. Miguelina ya no hace un cero cuando se le pregunta su nombre.

Los años pasan. Las lomas están llenas de cantos de aves, los cedros son altos y elegantes, los árboles de guama frondosos, los granos de café maduro de un rojo brillante y el pelo de Joe comienza a ponerse blanco, como es natural cuando usted tiene cincuenta y cinco años.

Para la Navidad de sus cincuenta y cinco, Joe decide visitar Nebraska. Con el pasar de los años, sus hermanos y sus hermanas y sus sobrinos han visitado el cafetal cooperativo, pero Joe nunca ha regresado.

El superintendente de la escuela me cocería vivo en una tina de café hirviendo, bromea cuando su hermana le sugiere una visita. Recuerdas, me fui a mitad del año escolar.

No te preocupes, le dice su hermana. Cuando llamaste a mitad del año para decir que no regresarías, el super se alegró por haber salido de un joven tan radical.

Miguel and Joe's idea spreads. Many of the small farmers join them, banding together into a cooperativo and building their own beneficio for processing the beans rather than having to pay high fees to use the compañía facilities. They can now read the contracts the buyers bring and argue for better terms. Joe buys books in the ciudad where he goes periodically to ship the cooperativo coffee to the United States. Carmen cooks for the workers and adds eggs from her hens or cheese from her goats to the bowl of víveres she serves her family at night. More hens and more goats mean more abono for the coffee plants. Miguelina no longer makes a zero when she is asked to write her name.

The years go by. The hillsides are full of songbirds, the cedros are tall and elegant, the guama trees full, the cherries bright red, and the hair on Joe's head is turning white, which is natural when you are fifty-five.

For his fifty-fifth Christmas, Joe decides to visit Nebraska. Over the years, his brothers and sisters and their children have visited the farm-cooperativo, but Joe has never gone back.

Superintendent would boil me alive in a vat of coffee, he jokes when his sister suggests a visit. Remember, I left that teaching job mid-year.

Don't worry, his sister tells him. When you called mid-year, saying you wouldn't be back, the super was only too glad to get rid of a young radical.

I was a young radical? Joe asks.

In Nebraska you were. After all, you liked reading more than football. Oh, please come, Joey, his sister adds. I hate the thought of you all alone at Christmas without your family.

I have a family, Joe explains. Although he has never married, he has become a husband to the land. He is surrounded by his large campesino familia, all of whom he has taught to read and write.

But still, a man needs to go back to where he started from and take a look around.

¿Yo era un joven radical?, pregunta Joe.

En Nebraska lo eras. Después de todo, te gustaba leer más que jugar football. Ay, por favor, ven Joey, añade su hermana. Odio la idea de que estés solo en Christmas, sin la familia.

Tengo una familia, explica Joe. Aunque nunca se ha casado, se ha convertido en el esposo de la tierra. Está rodeado de su gran familia campesina, a quienes ya ha enseñado a leer y escribir.

Aún así, un hombre necesita regresar a su pueblo y echar una mirada.

C

JOE barely recognizes his hometown in Nebraska. There are a lot more houses, a new mall, a truck stop, a strip of fast-food chains. Beside the Dunkin' Donuts is a holdout, an old, frame house with its name—*Early Bird Cafe*—written in curlicue script on the glass. Joe stops there his first morning for a cup of coffee.

As he steps inside, a little bell tinkles. A woman at the counter looks up from the book she's reading. She is in her early forties, Joe guesses, with dark hair and eyes the color of coffee beans.

Howdy, he says. Can I bother you for a cafecito?

The woman puts her book away reluctantly. Say what? she asks him.

Joe apenas reconoce su pueblo en Nebraska. Hay mucho más casas, complejos comerciales, un depósito de camiones y una calle de restaurantes de comida rápida. Al lado del *Dunkin' Donuts* hay un ave rara, una casa vieja de madera con el nombre de *Early Bird Café* escrito en caligrafía en el vidrio. Joe se detiene ahí su primera mañana, para tomar una taza de café.

Cuando entra, una campanita tintinea. La mujer detrás del mostrador levanta la mirada del libro que lee. Tiene apenas unos cuarenta años, calcula Joe, con el pelo oscuro y los ojos del color del grano de café.

Howdy, dice él. *Please*, un cafecito.

La mujer guarda el libro con desgano. ¿Un cafecito? le pregunta.

Joe le sonríe. Un cafecito es una tacita de café hecho a la dominicana.

La mujer le sirve una taza de café que Joe apenas puede tragar.

¿Dónde consiguió este café? le pregunta Joe.

Del suplidor, responde la mujer. ¿Hay algo malo en el café?

Joe afirma que sí. ¿Recuerda el libro que leía cuando yo entré? Atrapó su imaginación. Una taza de café debe hacer lo mismo. Así es que, para contestarle la pregunta, esta taza de café es un libro que usted termina usando de tope de puerta o de portavasos, en vez de lo que pasa con ese libro que usted apenas pudo dejar.

Joe se detiene, avergonzado. Ha perdido los buenos modales viviendo en el campo.

Pero la mujer le sonríe. Ese es el tipo de libro que siempre soñé escribir, le dice. Hace tiempo quise ser una escritora, añade con timidez. Se suponía que este sería un trabajo temporal. Mira alrededor del negocio como si estuviera allí contra su voluntad, encerrada en la caja, el jarrón de tasajo, el microonda, la pila de servilletas, la bandeja con los servidores de sal y pimienta, los potes plásticos de mostaza y ketchup.

A la mañana siguiente, Joe regresa con una funda de granos de café. Hierven una taza. Los ojos de la mujer se abren con interés. Aspira el rico aroma. Toma un sorbo y sonríe.

¿Dónde consiguió esto? murmura como si esos granos maravillosos tuvieran algo de contrabando.

Joe smiles. That's Spanish for a cup of coffee.

The woman serves him a cup that Joe can barely get down.

Where'd you get this coffee? Joe asks.

Supplier, the woman replies. Is there something wrong with it?

Joe nods. Remember that book you were reading when I walked in the door? Held your imagination. A cup of coffee has to do the same thing. So, to answer your question, this cup of coffee is like a book you end up using as a doorstop or coaster instead of that book there you could hardly put down.

Joe stops himself, embarrassed. Living off the grid of civilities, he's lost his manners.

But the woman is smiling. That's the kind of book I always dreamed of writing, she says. I once wanted to be a writer, she adds shyly. This was just meant to be temporary. She looks around the shop as if she has been held against her will by the cash register, the glass jar of jerky, the microwave, the stacks of napkins, the tray of salt and pepper shakers, the plastic containers of mustard and ketchup.

The next morning, Joe is back with a bag of his beans. They brew a cup. The woman's eyes widen with interest. She inhales the rich aroma. She takes a sip and smiles.

Where'd you get this? she whispers, as if there must be something contraband about such wonderful beans.

Joe tells her the story of how they came to be that good.

A better coffee, all right, she says, dumping the old beans into the trash. You know, she says, you should write that story down. Make it like into a book or something.

Your turn, Joe says, smiling. I told you the story, now you pass it on.

I can't, the woman says, wiping the counter extra hard, erasing some mark only she can see there. I need to earn a living, you know.

You need another cup, Joe says, pouring. Close your eyes for this one.

The woman closes her eyes.

Joe le cuenta cómo llegaron a ser tan buenos.

Un café mucho mejor, dice ella, botando sus viejos granos en la basura. Sabe, le dice, debería escribir esa historia. Publicar un libro, o algo.

Es su turno, dice Joe sonriendo. Le conté el cuento, ahora debe pasarlo a los demás.

No puedo, dice la mujer limpiando el mostrador con fuerza, quitando manchas que sólo ella puede ver. Necesito ganarme la vida, usted sabe.

Necesita otra taza, le dice Joe, sirviéndosela. Cierre los ojos al tomar ésta.

La mujer cierra los ojos.

When she is finished drinking, she opens her eyes.

I heard something, she confesses. The woman hums a song her mother used to sing as she put out a line of wash.

Joe smiles when the woman is done. Now turn your cup over. Let me take a look at what's ahead.

As he examines her cup, Joe explains how the old-time Dominicans read the future from the coffee stains.

I see you writing a book, he says, pointing to a scribbly stain. I see you coming to do research up in the mountains of a small island.

Joe looks at the woman and the woman looks back. There is a moment not unlike the moment Miguel once described on the mountain.

Cuando termina de beber, los abre.

Oí algo, confiesa. La mujer tararea una canción que su madre cantaba mientras colgaba la ropa a secar.

Joe sonríe cuando la mujer termina. Ahora voltee la taza. Déjeme ver lo que vendrá.

Mientras estudia la taza, Joe le explica cómo los viejos dominicanos leen el futuro en las manchas de café.

Yo la veo escribiendo un libro, le dice, señalando la mancha puntiaguda. Yo la veo en las cimas de las montañas, en una pequeña isla.

Joe mira a la mujer y ella le devuelve la mirada. Es un momento muy parecido al momento que Miguel describió una vez en la montaña.

46

A B C

I was the woman behind the counter who wanted to be a writer. My life took a sudden turn when I met Joe, my husband.

This is really Joe's book, though he wouldn't want me to call it that.

We now live together on this mountain farm, surrounded by the trees Joe planted and by our campesino family. The coffee is thriving. The farmers are thriving. Everyone is reading. And I am writing!

One thing I've learned from the life I've lived: The world can only be saved by one man or woman putting a seed in the ground or a story in someone's head or a book in someone's hands.

Yo era la mujer detrás del mostrador, la que quería ser escritora. Mi vida cambió radicalmente cuando conocí a mi esposo, Joe.

Este es en realidad el libro de Joe, aunque él no quisiera que lo llamara así.

Ahora vivimos juntos en su cafetal en la montaña, rodeados de los árboles que él sembró, y de su familia campesina. El café prospera. Los campesinos prosperan. Todos leen. ¡Y yo estoy escribiendo!

Esto es lo que he aprendido de la vida que me ha tocado vivir: El mundo se salva cuando un hombre o una mujer ponen una semilla en la tierra o un cuento en la cabeza o un libro en las manos de alguien.

Read this book while sipping a cup of great coffee grown under birdsong.

Then, close your eyes and listen for your own song.

As for this story, pass it on.

Lea este libro mientras saborea una taza de un maravilloso café crecido bajo el canto de las aves.

Entonces, cierre los ojos y escuche su propio canto.

Y cuéntele este cuento a los demás.

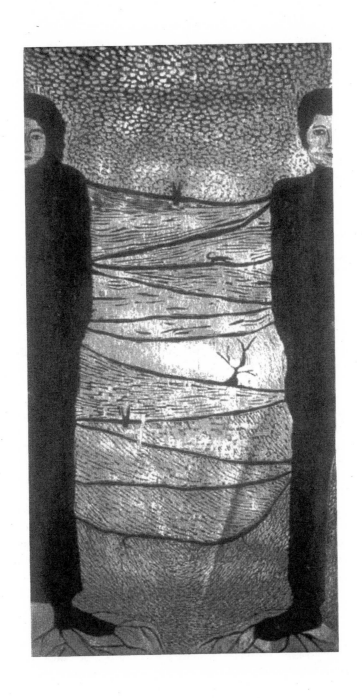

Epílogo

Por Bill Eichner

Mi esposa Julia y yo no somos el hombre y la mujer en este cuento, pero nuestra historia se relaciona con esta parábola. Nosotros somos dueños de una finca-fundación en las montañas de la República Dominicana, con los cuidadores, Miguel y Carmen, quienes viven ahí con sus hijos.

Yo vengo de una familia de agricultores en Nebraska. Crecí bebiendo una mala taza de café. En los años 1950, en la planicie central, el café que se preparaba era de granos de café inferiores, un líquido parduzco tan flojo que era a la vez agrio y transparente. Sin duda, esa costumbre de café flojo nació de la naturaleza frugal de los agricultores de la llanura.

Julia es una escritora que comenzó a publicar ya un poco mayor. Creció en la República Dominicana, bebiendo cafecitos diluidos con mucha leche—los más fuertes eran solamente para los adultos. Hace seis años la *Nature Conservancy* le pidió que escribiera un artículo acerca de uno de los lugares protegidos en las montañas de la República Dominicana.

Allí, quedamos atónitos ante el "desierto verde" de los cafetales modernos que la circundaban. Por la uniformidad de la monocultura—ladera tras ladera sin un sólo árbol frutal o de sombra. No había ninguna señal de vida con la excepción de las matas de café y un solitario trabajador con mascarilla que caminaba hilera tras hilera en una nube de químicos con los que rociaba el café. No me había dado cuenta que el mismo tipo de proceso técnico que había eliminado las gaviotas y las fincas familiares en Nebraska, ahora hacía de las suyas con los cafetales tradicionales bajo la sombra, en los trópicos. Julia y yo vimos de cerca cómo la globalización estaba cambiando el campo, *the countryside,* que los dos habíamos conocido de niños.

Pero había esperanza. Conocimos a un grupo de campesinos que estaba tratando de organizarse en torno a la agricultura y el mercado para

AFTERWORD

by Bill Eichner

MY WIFE JULIA and I are not the man and the woman in the story, but our story is related to this parable. We do own a farm-foundation in the mountains of the Dominican Republic with caretakers, Miguel and Carmen, who live there with their children.

I am from farm stock in Nebraska. I grew up with a bad cup of coffee. In the 1950s on the central plains, coffee was brewed from inferior beans, a brownish liquid so thin as to be sour and transparent. No doubt this custom of weak coffee was born out of the frugal nature of prairie farmers.

Julia is a writer who began publishing later in life. She grew up in the Dominican Republic, drinking *cafecitos* diluted with lots of milk—the strong brew was reserved for adults only. Six years ago the Nature Conservancy asked her to do a story on one of their protected sites in the mountains of the Dominican Republic.

While there, we were shocked by the "green desert" of the surrounding modern coffee farms. By the uniformity of the monoculture—hillside after hillside without a single fruit or shade tree. No sign of life except coffee plants and a single masked worker walking down the rows in a cloud of chemicals he was spraying on the coffee. I had not realized that the same kind of technification that had eliminated sea gulls and family farms in Nebraska was now doing a job on traditional shade-coffee farms in the tropics. Julia and I saw firsthand how globalization was changing the *campo*, or countryside, that we had both known as youngsters.

But there was hope. We met a group of farmers trying to organize themselves around growing and finding markets for their organic, shade-grown coffee. We sensed that they were battling an agribusiness trend toward growing coffee in full sun, for better short-term yields, while deforesting the mountains and poisoning the rivers with pesticides and chemical fertilizers.

We praised their efforts. They asked, would we like to join their

53

su café, orgánico, crecido bajo sombra. Sentimos que ellos combatían una tendencia "agricomercial" de producir café crecido al pleno sol, para tener mejor entradas en menos tiempo, mientras deforestaban las montañas y envenenaban los ríos con sus insecticidas y fertilizantes químicos.

Los felicitamos por sus esfuerzos. Nos preguntaron si nos gustaría unirnos a la lucha y comprar unas parcelas antes de que las tomaran los grandes cafetales, mantenidos por procesos técnicos. Julia y yo nos miramos —¿sería el aire de las montañas, o nuestro amor del uno por el otro, o la idea de que "hay que devolver algo"? —y dijimos, ¿Por qué no?

Cuando aceptamos la invitación, pensamos que sería un juego—cultivar cinco acres, producir unos cuantos sacos de café para llevar a casa a nuestros amigos en Vermont y sentarnos en el kiosko con los campesinos vecinos para discutir sus planes. Quizás nosotros podríamos hasta construir un pequeño centro cultural en la finca, donde nuestros amigos artistas podrían visitarnos y compartir su talento con los vecinos.

Nuestras metas cambiaron al convertirnos en parte de esa comunidad en la montaña. Nuestros discernimientos se ancharon a cada paso. Sentimos que debíamos hacer algo más que cultivar café como un pasatiempo. ¿Por qué no crear un modelo del proceso que nuestros vecinos estaban procurando establecer? Nuestra finca orgánica creció a 260 acres. Comenzamos a sembrar variedades antiguas de café, y mientras las semillas germinaban, sembramos árboles de sombra: una mezcla de especies para producir madera de construcción que le ofrecía alimento a los pájaros salvajes; árboles de fruta, nuez y aguacate que nos proveían alimento para nosotros y para los campesinos; especies de legumbres que añadían nitrógeno al terreno agotado; y árboles que crecen rápido y que podábamos para proveer forraje para las cabras lecheras y leño para el fogón, o estufa de arcilla. Los árboles del bosque protegían las tiernas plantas de café del fuerte sol del mediodía, dejando caer hojas para alimentar a los insectos y a los gusanos, que regresaron a la tierra ya más honda y molificada. Los hojas recogían las gotas de lluvia para que cayeran más suavemente a la tierra, absorbiendo la lluvia en sus sistemas de raíces para que el agua preciosa no se precipitara por las laderas.

También queríamos ampliar el concepto de sustentabilidad que tenían nuestros vecinos. ¿Por qué se debía concentrar un campesino en la cultivación de acres y acres de café como producto de exportación y mientras tanto bajar a la bodega a comprar pasta de tomate? ¿Por qué no cultivar tomates? ¿Por qué no tener pollos y cabras y usar el estiércol para fertilizar el café, o las plantas cítricas para tener sombras y usar las frutas para consumir y vender a los mercados locales? ¿Por qué no tener un

struggle and buy some land before it was grabbed up by the big technified coffee plantations? Julia and I looked at each other—was it the mountain air, or our love for each other and for the idea of "giving something back"?—and said, why not?

When we accepted the invitation, we thought it would be a lark— develop five acres, raise a few bags of coffee to take home to our friends in Vermont, and sit in the *kiosko* with our *campesino* neighbors to discuss their plans. Maybe we could even build a little arts center on the farm, where our artist friends could come visit and share their talents with the neighbors.

As we became part of that mountain community, our goals changed. Our insights broadened with each step. We felt we should do more than grow coffee as a hobby. Why not model the process our neighbors were striving for? Our organic farm grew to 260 acres. We started planting heirloom varieties of coffee, and while the coffee seeds were germinating, we planted shade trees: a mixture of timber species that offered food for wild birds; fruit, nut, and avocado trees that provided food for us and the farm workers; legume species that added nitrogen to the depleted soil; and fast-growing trees that were pruned to provide forage for the milk goats and firewood for the *fogón,* or clay cookstove. Forest trees sheltered the tender coffee plants from the strong midday sun, dropping leaves to feed insects and worms that returned to the soil as it deepened and softened. The leaves caught the raindrops so they fell more softly on the earth, absorbing that rain in their root systems so that precious water did not rush down the hillside.

We also wanted to broaden our neighbors' concept of sustainability. Why should a farmer concentrate on acres and acres of coffee as an export commodity and meanwhile go down to the *bodega* to buy tomato paste? Why not grow tomatoes? Why not have chickens and goats and use the manure to fertilize the coffee plants, or plant citrus for shade and use the fruits for consumption and for sale at the local markets? Why not have a community garden and grow vegetables for the farm and the village? Why not start a composting system? Collect rainwater? Use solar panels rather than bring expensive electricity up into the mountains?

Our farm was transformed into a working school in which we all began to learn how to take care of the land and pass it on in good condition to the next generation.

From the start, our cash crop was shaded coffee as it has been traditionally grown in the area. But as we became more involved, we discovered that the coffee business is based on a culture of poverty where very little of the profit trickles down to the small farmer. In order to bring

jardín para la comunidad y cultivar hortalizas para la finca y el pueblo? ¿Por qué no comenzar un sistema de abono?¿Recoger el agua de la lluvia? ¿Usar paneles solares en vez de subir el costoso sistema de electricidad a las montañas?

Nuestra finca se transformó en una escuela de trabajo en la que todos comenzamos a aprender cómo cuidar la tierra y pasarla en mejores condiciones a la próxima generación.

Desde el principio nuestro producto de venta fue el café producido en la sombra, como se ha cultivado tradicionalmente en esa región. Pero mientras nos comprometimos más con el proyecto, descubrimos que el comercio del café está basado en una cultura de pobreza en la que al agricultor pequeño le llegan apenas unos chorritos de la ganancia. Para poder traer a casa de los cultivadores algunas de las ganancias, las fincas en nuestro cafetal cooperativo unieron todo el café bajo el nombre CAFÉ ALTA GRACIA. Escogimos ese nombre para honrar a la patrona santa y protectora, *la Virgencita de la Altagracia*, la *Madonna* que es toda generosidad. Necesitábamos su bendición para poner nuestras metas en alto y para que nos sostuviera en esa lucha contra las inequidades de la industria del café y la destrucción de bosques en las tierras para el cultivo del café.

Mientras trabajábamos para nutrir la empobrecida tierra, no pudimos hacer caso omiso a la naturaleza humana que nos rodeaba. Los campesinos vivían en gran pobreza, y el peor aspecto de esa pobreza era que ninguno de ellos podía leer ni escribir.

Luchamos con el modo de practicar sustentabilidad entre aquellos que vivían y trabajaban en la finca y en la comunidad. Entendimos que nuestra idea original de que la venta de café mantendría el centro artístico sería una especie de imperialismo cultural hasta que nuestros trabajadores, los vecinos, y sus familias pudieran leer y escribir por sí mismos. Solamente entonces tendrían ellos la llave para abrir ese tesoro que nos pertenece a todos, las artes y la literatura de la tribu humana.

Ahora un edificio escolar es el centro de la finca Alta Gracia. Una maestra voluntaria se ha integrado a la comunidad. Los niños y sus padres están aprendiendo el abecedario. Un grupo de jóvenes vino de Wellesley, Massachusetts, y construyó una pequeña biblioteca. La llamamos una barra biblioteca, modelada como la estructura popular dominicana, la pequeña barra en la vera del camino donde los campesinos pueden pedir una cerveza Presidente, o un trago de ron. Pero nuestra barra almacena libros en vez de bebidas.

Después de cinco años, Alta Gracia ya ha sido bendecida con un cambio visible. Materia orgánica está creciendo bajo los árboles frutales,

some of those profits home to the growers, the farms in our *cooperativo* pooled all our coffees together under the umbrella of CAFÉ ALTA GRACIA. We chose this name to honor the country's patron saint and protector, *la Virgencita de la Altagracia,* the Madonna of "high grace." We needed her blessing to help us aim high and to sustain us in the fight against the inequities of the coffee industry and the destruction of forests in coffee-growing lands.

As we worked to nurture the impoverished land, we could not ignore the human nature around us. The *campesinos* were living a life of poverty, and the most striking aspect of that poverty was that none of them could read or write.

We struggled with how to practice sustainability among those who lived and worked at the farm and in the community. We understood that our original idea of coffee sales supporting an arts center would be a kind of cultural imperialism until our workers and neighbors and their families could read and write for themselves. Only then would they have the key to unlock that treasure that belongs to all of us, the arts and literature of the human tribe.

Now a school building is at the center of the Alta Gracia farm. A volunteer teacher has joined the community. Kids and their parents are learning their ABCs. A youth group came from Wellesley, Massachusetts, and built a small library. We call it a *barra biblioteca,* modeled after a popular Dominican structure, the little *barra* at the side of the road where *campesinos* can get a *cerveza Presidente,* or a shot of rum. But our *barra* stocks books instead of drinks.

After five years, Alta Gracia has already been blessed with visible change. Organic matter is building up under the fruiting trees, rainfall is soaking in more slowly, the insects are returning, the *arroyos* keep running a little longer each spring, and the songbirds come back every year to sing over the coffee. We look around the hills, and the green comes in varying hues and heights—from arugula in the garden or clover between the coffee rows to banana plants over our heads and *cedro* trees towering above all.

And books are arriving to fill the library. In time, we will also invite artists to come and contribute some of their time to giving workshops at the school or working on the farm. Total recycling. Wide-ranging sustainability. Taking care of each other through education as well as by what we put in the soil.

When I left my parents' farm as a young man, I never imagined I would return to farming later in life in a place so far from the center of the U.S.A. To farm on steep mountains instead of endless plains? To

el agua de lluvia está calándose más lentamente, los insectos han regresado, los arroyos corren un poco más cada primavera, y las aves cantoras regresan cada año para trinar sobre el café. Miramos por las colinas, y el verde viene en distintos tonos y tamaños—de la arúgula en el jardín o el trébol entre las hileras de café y los guineos sobre nuestras cabezas y los árboles de cedro que descollan por encima de todo.

Y los libros para llenar la biblioteca están llegando. Con el pasar del tiempo, también invitaremos artistas para que vengan y contribuyan parte de su tiempo dando talleres en la escuela o trabajando en la finca. Un reciclaje total. Una sustentabilidad amplia. La responsabilidad mutua a través de la educación y también en lo que ponemos en la tierra.

Dejé la finca de mis padres cuando era un hombre joven. Nunca me imaginé que podría regresar a la agricultura más tarde en mi vida en un lugar tan lejano al centro de los E.U.A. ¿Cultivar en montañas empinadas en vez de llanos interminables? ¿Cosechar en enero en vez de aguantar tormentas de nieve? ¿Cultivar café en vez de soya? ¿Y especialmente disfrutar un café que los nebrascanos no podían ni siquiera imaginarse? En contraste a la familia de mi infancia, nuestra pobre familia dominicana nunca escatimaría en la calidad de su café. Ellos sencillamente beben de una tacita más pequeña, pero tan rica que deja manchas al fondo y a los lados de la taza. Yo soy como ellos. Yo prefiero tomarme dos onzas de calidad en vez de toda una cafetera de café aguado, cualquier día de la semana.

La tradición entre los campesinos viejos es voltear sus tacitas cuando han terminado. El futuro se puede leer en las manchas secas en la taza. Julia me dice que cuando era niña, una vieja iba de casa en casa a leer las tazas. Si su futuro le parecía bueno, Julia cerraba los ojos y pedía que se le cumpliera.

Nosotros tenemos un deseo: que otros puedan disfrutar la experiencia de nuestro proyecto y compartir el sueño y el esfuerzo de la sustentabilidad. Cada uno puede comenzar sembrando un árbol, o cien árboles—las aves y sus nietos se lo agradecerán. Puede reciclar y volver a usar hasta que se convierta en un hábito que le enseñe a los demás. Puede comprar y beber el café Alta Gracia junto a otros productos en venta por compañías con conciencia. Recuerden, sustentabilidad no es solamente un concepto sino una manera de vivir cuyo momento ha llegado.

Y cuando beba café, recuerde este cuento del cafecito. El futuro sí depende de cada taza, de cada decisión que tomamos.

harvest crops in January rather than endure blizzards? To grow coffee instead of soybeans? And especially to enjoy a coffee that Nebraskans couldn't even dream of? In contrast to the family of my childhood, our poor and frugal Dominican family would never skimp on the "strength" of their coffee. They simply drink a smaller cup, yet rich enough to leave stains on the bottom and sides. I'm with them. I'll take two ounces of quality over a whole pot of bad coffee any day.

The tradition among the old *campesinos* is to turn their little cups over when they are finished. The future can be told from the dried stains left in the cup. Julia tells me that when she was a child, an old woman would go from house to house reading cups. If her fortune sounded good, Julia would close her eyes and wish that it would come true.

We have a wish: that others can enjoy the experience of our project and share in the dream and the effort of sustainability. Anyone can begin by planting a tree, or a hundred trees—the birds and your grandchildren will thank you. You can recycle and reuse until it becomes a habit that you teach others. You can buy and drink Café Alta Gracia along with other products offered by companies with a conscience. Remember, sustainability is not just a concept but a way of life whose time has come.

And whenever you drink coffee, remember this *cafecito* story. The future does depend on each cup, on each small choice we make.

Un Café Mejor:

Desarrollo de justicia económica

El conmovedor "Cuento del Cafecito" de Julia Alvarez feliz-
mente no es solamente un cuento; es ahora una realidad viva para medio
millón de familias de cultivadores de café alrededor del mundo. Estos
campesinos y sus socios en el mundo comercial—personas como
Carmen, Miguel, Joe y usted, usted mismo—han convertido décadas de
trabajo duro y sueños en un poderoso movimiento internacional llamado
fair trade. Fair trade—el comercio justo—se refiere a la cultivación y
bebida del café.

Fair trade es comercio eficiente y lucrativo organizado en base a un
compromiso a la igualdad, dignidad, respeto, y ayuda mutuos. Fair trade
le garantiza a los campesinos como Carmen y Miguel

- *ventas directas para sus cooperativas,*
- *un precio justo, sin considerar los precios del mercado
  internacional,*
- *mejor acceso al crédito,*
- *una relación a plazo largo en el mercado y*
- *un compromiso por parte de los compradores de apoyar la
  sustentabilidad del ambiente.*

Todos queremos acabar con la miseria humana que nos encontramos a
diario, aunque muchos de nosotros tenemos dificultad en encontrar
cómo hacer algo en el ámbito personal. Fair trade nos ayuda a contribuir
a cambiar las cosas. Es un paso concreto hacia cambios positivos. El
comprar café de fair trade le da un cafecito delicioso y la satisfacción
profunda de saber que ha ayudado a los campesinos a invertir en cuidado
de salud, educación, responsabilidad por el medioambiente e indepen-
dencia económica.

A Better Coffee:

Developing Economic Fairness

JULIA ALVAREZ'S moving *Cafecito Story* is happily not just a story; it is now the living reality of half a million family coffee farmers around the world. These farmers and their partners in the marketplace—people that include Carmen, Miguel, Joe, and you, yourself—have turned decades of hard work and dreams into a powerful international movement called *fair trade*. Fair trade is about transforming the growing and drinking of coffee.

Fair trade is efficient and profitable trade organized with a built-in commitment to equity, dignity, respect, and mutual aid. Fair trade guarantees farmers like Carmen and Miguel

- direct sales for their cooperatives,
- a fair price, regardless of international market prices,
- improved access to credit,
- a long-term marketing relationship, and
- a commitment from buyers to support environmental sustainability.

We all want to end the human misery we hear about daily, but many of us find it hard to figure out what we can do personally. Fair trade helps us make a difference. It is a concrete step toward positive change. Buying fair-trade coffee gives you a delicious *cafecito* and the deeper satisfaction of knowing that you have helped farmers invest in health care, education, environmental stewardship, and economic independence.

And fair trade ensures that farmers earn a living wage so they can have the stability to provide a better future for themselves and their children. Helping farmers cultivate the courage to pursue their dreams helps us nurture the courage to pursue our own. Now isn't that a fair trade?

61

Y fair trade asegura que los campesinos se ganen el sustento para que puedan tener la estabilidad necesaria para ofrecerles a sus hijos y a sí mismos un futuro mejor. Al ayudar a los campesinos a cultivar la valentía de seguir sus sueños nos ayudas a sostener la fuerza para seguir los nuestros. Ahora, ¿no es eso fair trade?

INFORMACIÓN SOBRE RECURSOS Y VENTAS

Además del café, usted puede comprar té, regalos, ropa, artículos domésticos, artesanías y más de fair trade. La lista de recursos aquí le ayudará a establecer sus propias sociedades de fair trade.

SHOPPING AND INFORMATION RESOURCES

In addition to coffee, you can now purchase fair-trade tea, gifts, clothes, housewares, crafts, and more. The resource listings here will help you make your own fair-trade partnerships.

U.S. Resources / En los Estados Unidos

Café Alta Gracia
758 Sheep Farm Road, Weybridge, VT 05753
Internet: www.cafealtagracia.com

The coffee cooperative founded by Julia Alvarez and Bill Eichner to bring a specialty coffee directly from the farm in the Dominican Republic to the retail market in the United States. The mission is to spread grace through sustainability—environmental, social, economic, and educational.

Esta cooperativa de café fue fundada por Julia Alvarez y Bill Eichner para traer café especial directamente de los cafetales en la República Dominicana al mercado al detalle en los Estados Unidos. La misión es regar gracia por medio de la sustentabilidad—ambiental, social, económica y educacional.

Co-op America
1612 K Street NW, Suite 600, Washington, DC 20006
Telephone: (800) 58-GREEN (584-7336)
Internet: www.coopamerica.org

Co-op America educates the public about the social and environmental consequences of purchases and investments. Their publications and online services help concerned consumers and organizations locate socially responsible companies and investment options. Check Co-op America's "Green Pages" directory for sources of fairly traded and organic goods.

Co-op America educa al público acerca de las consecuencias sociales y ambientales de compras e inversiones. Sus publicaciones y servicios en el Internet ayudan a consumidores y organizaciones responsables a localizar compañías y opciones de inversión responsables. Busque en "Green Pages", el directorio de Co-op America las fuentes de productos orgánicos y comerciados por fair trade.

The Fair Trade Federation
1612 K Street NW, Suite 600, Washington, DC 20006
Telephone: (202) 872-5329
Internet: www.fairtradefederation.org

The FTF is the national trade association of importers, wholesalers, retailers, and producers involved in fair trade with artisans and farmers around the world.

El FTF es una asociación nacional de comercio de importadores, venedores, mayoristas y pormenoristas y productores involucrados en fair trade con artesanos y campesinos por todo el mundo.

Global Exchange
2017 Mission Street #303, San Francisco, CA 94110
Telephone: (415) 558-9486 x245
Internet: www.globalexchange.org/economy/coffee/

Global Exchange works to increase awareness of fair-trade issues and to translate that awareness into consumer activism in the marketplace.

Global Exchange trabaja para aumentar la concientización de asuntos en fair trade y para traducir esa concientización en actividad del consumidor en el mercado.

Oxfam America
26 West Street, Boston, MA 02111
Telephone: (617) 728-2437
Internet: www.oxfamamerica.org/fairtrade/

Since 1970, Oxfam America has worked to create lasting solutions to hunger, poverty, and social injustice around the world. Inquire about their fair-trade coffee campaign.

Desde 1970, Oxfam America ha trabajado para crear soluciones duraderas al hambre, la pobreza y la injusticia social alrededor del mundo. Pregunte acerca de su campaña sobre el fair trade del café.

Seattle Audubon Society
8050 35th Avenue NE, Seattle, WA 98115
Telephone: (206) 523-8243 x13
Internet: www.seattleaudubon.org/Coffee/

This local chapter of the Audubon Society coordinates the Northwest Shade Coffee Campaign to create awareness about the connection between coffee-growing practices and threatened populations of neotropical songbirds.

Este capítulo local de la Audubon Society coordina la Campaña de Café a la Sombra del Noroeste para crear una concientización acerca de la conexión entre el cultivo del café y la población en peligro de aves cantoras neotropicales.

Smithsonian Migratory Bird Center
3000 Connecticut Avenue NW, Washington, DC 20008 Telephone: (202) 673-4908
Internet: www.si.edu/smbc

This center at the Smithsonian Museum is a renowned source of information about research, educational programs, and publications concerning migratory birds. Visit their Web site to learn more about shade coffee–production practices.

Este centro en el Smithsonian Museum es una fuente de infor-mación muy conocida acerca de la investigación, programas educacionales y publicaciones acerca de aves migratorias. Visite su página en el Web para saber más acerca de prácticas en la producción de café a la sombra.

The Songbird Foundation
2021 Third Avenue, Seattle, WA 98121
Telephone: (206) 374-3674
Internet: www.songbird.org

The Songbird Foundation's primary mission is the protection of migratory songbird habitat. They work with consumers and the media to publicize how fair trade sustains farmers who are the stewards of these habitats.

La misión primordial de la Songbird Foundation es la protección del habitat de aves cantoras migratorias. Trabajan con los consumidores y los medios de comunicación para difundir publicidad acerca de como fair trade apoya a los agricultores que son cuidadores de estos habitats.

Specialty Coffee Association of America (SCAA)
One World Trade Center, Suite 1200,
   Long Beach, CA 90831-1200
Telephone: (562) 624-4100
Internet: www.scaa.org

The authority on specialty coffee. The mission includes promoting
excellence and sustainability through sensitivity to the environment
and consciousness of social issues.

La autoridad en café especializado. Su misión incluye la promoción de
excelencia y sustentabilidad por medio de la sensibilidad ante el
medioambiente y la concientización acerca de asuntos sociales.

TransFair USA
52 Ninth Street, Oakland, CA 94607
Telephone: (510) 663-5260
Internet: www.transfairusa.org

TransFair USA is the certification organization for fair-trade food
products in the United States, part of an international network of
certifiers. You can get a list from them of retailers in your area that sell
fair-trade coffee.

TransFair USA es la organización que certifica productos en los
Estados Unidos para fair trade, parte de una red internacional de
certificadores. Puede conseguir de ellos una lista de los vendedores al
pormenor en su área que venden café de fair trade.

Vermont Institute of Natural Science (VINS)
27023 Church Hill Road, Woodstock, VT 05091
Telephone: (802) 457-2779
Internet: www.vinsweb.org

A nonprofit organization devoted to environmental education and
research. A center for the study of migratory songbirds, their projects
include tracking the Bicknell's thrush from its summer habitat in the
Green Mountains of Vermont to its winter home in the "Dominican
Alps."

Una organización sin fines de lucro dedicada a la educación e
investigación ambiental. Un centro para el estudio de aves cantoras
migratorias, sus proyectos incluyen seguir las huellas del zorzal de

Bicknell de su habitat de verano en las Green Mountains de Vermont a su hogar de invierno en los "Alpes dominicanos".

Canadian Resources / En el Canadá

Equiterre

2177, rue Masson, Bureau 317, Montreal, Quebec H2H 1B1
   Canada
Telephone: (514) 522-2000
Internet: www.equiterre.qc.ca/english/coffee

Equiterre is a Canadian nonprofit organization actively promoting certified fair-trade coffee in Quebec and other regions of Canada.

Equiterre es una organización canadiense sin fines de lucro que promueve activamente el café certificado por fair trade en Quebec y en otras regiones del Canadá.

TransFair Canada

323 Chapel Street, Ottawa, Ontario K1N 7Z2 Canada
Telephone: (613) 563-3351
Internet: www.transfair.ca

TransFair Canada is the Canadian counterpart of TransFair USA. They can provide a list of retailers in your area that sell fair-trade coffee.

Transfair Canada es la entidad canadiense de TransFair USA. Pueden proveer una lista de negocios de venta al pormenor de café fair-trade en su área.

Dominican Republic Resources / En la República Dominicana

Fundoccafé

Plaza Intercaribe, Lope de Vega, Suite 602E
Santo Domingo, Dominican Republic
Telephone: (809) 412-2679/476-6739

An NGO that promotes the growing of high-quality Dominican coffee as a means of creating sustainability in rural mountain communities. Their programs promote a balance between economic growth, environmental stewardship, and social improvement. They provide technical assistance to bring technology and information directly to the small producer.

Es una ONG que promueve la caficultura dominicana de alta calidad como un medio de vida sostenible en las comunidades rurales en áreas montañosas. Invierte en programas, promo-viendo el equilibrio permanente entre el crecimiento económico, el cuido ambiental y la superación social. Su programa de asistencia técnica es un mecanismo de transferencia de tecnología e información directamente al pequeño productor.

This fair-trade primer has been prepared by Jonathan Rosenthal, co-founder (retired) of

Este manual de fair trade ha sido preparado por Jonathan Rosenthal, co-fundador (jubilado) de

Equal Exchange
251 Revere Street, Canton, MA 02021
Telephone: (781) 830-0303
Internet: www.equalexchange.com

Equal Exchange, a worker cooperative, was the first fair-trade coffee company in the United States and offers a full range of certified organic coffees and teas from small farmers' co-ops to caring people throughout North America. One hundred percent of Equal Exchange coffee is fairly traded.

Equal Exchange, una cooperativa de trabajadores, fue la primera compañía de café fair-trade en los Estados Unidos y ofrece una selección amplia de cafés y tés orgánicos certificados de co-operativas de pequeños agricultores a personas interesadas por toda Norte América. El cien por ciento del café Equal Exchange es producido por fair trade.

ACERCA DE LA AUTORA

JULIA ALVAREZ nació, como ella dice, por accidente en Nueva York,
pero poco después su familia regresó a su nativa República
Dominicana. Pasó su niñez allí hasta que su familia se vio obligada a
escapar la dictadura trujillista.

Su primera colección de poemas, *Homecoming,* apareció en 1984.
Su primera novela, *How the García Girls Lost Their Accents,*
fue publicada en 1990, seguida tres años después por *In the Time of the
Butterflies,* que llegó a ser finalista del National Book Award.
Su novela más reciente es *In the Name of Salomé.*

Es escritora-en-residencia de Middlebury College. Vive con su esposo
Bill Eichner en el campo en Vermont, aunque mantiene lazos con su
tierra natal por medio del cafetal orgánico (Alta Gracia), establecido
para demostrar las ideas y principios de sustentabilidad de la vida.

BILL EICHNER es oftalmólogo, viene de familia de agricultores en el
medioeste de los Estados Unidos. Es también jardinero, chef, y
el autor de *The New Family Cookbook* (Chelsea Green, 2000).

BELKIS RAMÍREZ, quien contribuyó los grabados en
El cuento del cafecito, es una de las artistas más destacadas
en la República Dominicana.

DAISY COCCO DE FILIPPIS, traductora de *El cuento del cafecito,*
es oriunda de la República Dominicana. Autora de numerosos libros
y artículos sobre la literatura dominicana, desde 1978 enseña literatura
y cultura hispana en York College, The City University of New York,
donde actualmente es directora del Department of
Foreign Languages, ESL and Humanities.

ABOUT THE AUTHOR

JULIA ALVAREZ was born, as she puts it, "by accident," in New York City, but shortly thereafter her family moved back to their native Dominican Republic. She spent her childhood there until her family was forced to flee due to political pressure.

Her first book of poems, *Homecoming,* appeared in 1984. Her first novel, *How the García Girls Lost their Accents,* was published in 1990, followed three years later by *In the Time of the Butterflies,* which became a National Book Award finalist. Her most recent novel is *In the Name of Salomé.*

She is a writer-in-residence at Middlebury College. She lives with her husband, Bill Eichner, in the Vermont countryside, but maintains ties to her native homeland through their organic coffee farm (Alta Gracia), established to demonstrate the ideas and principles of sustainable living.

BILL EICHNER, an ophthalmologist by trade, comes from Midwestern farm stock. He is also a gardener, chef, and the author of *The New Family Cookbook* (Chelsea Green, 2000).

BELKIS RAMÍREZ, who contributed the woodcuts for *A Cafecito Story,* is one of the Dominican Republic's most celebrated artists.

DAISY COCCO DE FILIPPIS, who translated *A Cafecito Story* into Spanish, is originally from the Dominican Republic. She is the author of several books and articles about Dominican literature, and since 1978 has taught Hispanic literature and culture at York College of The City University of New York, where she directs the Department on Foreign Languages, ESL and Humanities.

A NOTE ON THE TYPE

A Cafecito Story is set in Galliard,
designed by Matthew Carter in 1978 based on the letterforms
of the sixteenth-century typecutter Robert Granjon.
The display font is Latienne.

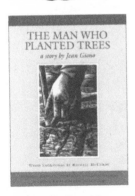